山地动物
探秘

［英］北巡出版社 ◎ 编

张琨 ◎ 译

甘肃科学技术出版社

图书在版编目（CIP）数据

　　山地动物探秘 / 北巡出版社编；张琨译 . -- 兰州：
甘肃科学技术出版社，2019.12
　　ISBN 978-7-5424-2739-7

　　Ⅰ．①山… Ⅱ．①北… ②张… Ⅲ．①野生动物—儿
童读物 Ⅳ．① Q95-49

　　中国版本图书馆 CIP 数据核字（2020）第 013312 号

山地动物探秘

［英］北巡出版社　编

张琨　译

责任编辑　何晓东

出　版　甘肃科学技术出版社
社　址　兰州市读者大道 568 号　730030
网　址　www.gskejipress.com
电　话　0931-8773023（编辑部）0931-8773237（发行部）
京东官方旗舰店　https://mall.jd.com/index-655807.html

发　行　甘肃科学技术出版社　　印　刷　凯德印刷（天津）有限公司
开　本　889mm×1194mm　1/16　印　张　3　字　数　42 千
版　次　2020 年 9 月第 1 版　2020 年 9 月第 1 次印刷
书　号　ISBN 978-7-5424-2739-7
定　价　48.00 元

目录

山地动物探秘

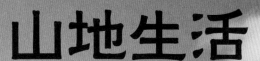

山地生活

地球总面积的五分之一左右被山地覆盖。山地为我们提供了世界上约80%的淡水，并且养活了数量惊人的动物和植物。

▲ 由于恶劣的气候、强风、暴风雪和光滑的冰面，山地上的生活并不容易！

难以忍受的寒冷！

在高山上有可能非常寒冷。即使在夏季，许多山区的气温也不会超过15℃。在长达6~8个月的冬季，气温可能会降到冰点以下。由于空气稀薄，植被不会长得太高。然而，有些动物却能在这里生活，有时甚至能够在树线以上生活。这些动物已经拥有某些特性，可以对抗严酷的环境。

毛茸茸的保护

山地动物通常是恒温动物。它们大多都有一层厚厚的、毛茸茸的皮毛，从而使它们的身体能够在冬天保持温暖，甚至它们的脚也经常被皮毛保护着。对某些动物来说，这件皮毛外套在夏天会比较薄。一些山地动物的耳朵小、腿短，这反而能够帮它们减少热量损失。虽然在那里也发现了某些昆虫，但爬虫不能在恶劣的天气下生存，因为它们会被冻死。

▼ 大角羊身上有一件厚厚的外套，这能够在寒冷的天气里保护它们不受伤害。

冰上漫步

在雪地或者冰面上行走并不容易。如果雪很厚，动物的脚可能就会陷进雪中，或者在冰面上滑倒。那么，山地动物在冬天如何活动呢？大多数生活在山地的动物的脚底都有一层皮质的脚垫，这有助于它们很好地抓住冰面。雪豹和美洲狮等动物的爪子很大，能帮它们分散自身的重量，防止陷入雪中。

▼ 鼠兔是一种不冬眠的山地动物，它们在寒冷的冬天也很活跃。

其他适应性

爬山时，人爬得越高，呼吸就越困难。这是因为在海拔高的地区空气就会变得稀薄。在这种条件下，山地动物是如何呼吸的呢？所有山地动物都有强大的肺，血液中的血红蛋白也更多。这些特性使山地动物在海拔很高的地方呼吸自如。有些动物在冬天会冬眠，比如熊，它们整个冬天都在睡觉。冬眠的动物在进入温暖的洞穴冬眠之前会吃很多东西，然后一觉睡到春天。而有些动物，尤其是鸟类，会迁徙到更暖和的地区。

美洲狮

美洲狮也被称为美洲金猫或山狮。它们生活在北美洲、中美洲和南美洲，是北美洲第二大的野生猫科动物，仅次于美洲虎。

观察美洲狮

美洲狮生活在热带雨林、大草原、沙漠和山地。根据栖息地的不同，美洲狮的皮毛颜色从沙棕色到红棕色。生活在山地的美洲狮皮毛更厚。它们的皮毛很短，而且没有斑纹。美洲狮的头小，耳朵短而圆，腿部肌肉发达，后腿比前腿长。

技巧娴熟的猎手

美洲狮是优秀的猎手。它们会先跟踪猎物一段时间，然后猛扑上去。美洲狮跳跃距离可达12米，垂直跳跃高度可达5米。一旦抓住猎物，美洲狮就会用锋利的牙齿咬住猎物的脖子，直到猎物窒息而死。吃饱之后，美洲狮会把猎物的遗骸埋起来，留到下次再吃。

动物档案

美洲狮

体　长：	1.3 ~ 2 米	
体　重：	29 ~ 100 千克	
寿　命：	15 ~ 20 年	
威　胁：	人类	
猎　物：	啮齿动物、小型哺乳动物、鹿、驼鹿、山羊和绵羊	
保护状况：	低危	
估计数量：	不足 50 000 只	

独自生活

　　美洲狮不喜欢结伴。它们喜欢独居生活，并且会保护自己的领地。一只雄性美洲狮的活动范围很少会与另一只雄性美洲狮重合。然而，雄性美洲狮可以与雌性美洲狮分享一小部分领地。它们会用木头上的划痕、泥土或雪地上的爪印，或者用尿液来标明领地。

小美洲狮

　　一只雌性美洲狮每次生 2~4 只幼崽。美洲狮幼崽出生时身上就长有的斑点会在 15 个月后完全消失。它们会和母亲一起生活大约两年。等到长到足够大时，幼崽们就会离开母亲，并找到和标记属于自己的领地。幼崽通常会待在一起，直到它们有足够的信心能够在自己的领地里安顿下来为止。

雪　豹

雪豹出没于中亚的山地之中，非常适应寒冷的栖息地。雪豹有着厚厚的、灰色的、带有斑点的皮毛，还有长长的、毛茸茸的尾巴和巨大的、毛茸茸的爪子。

山地生活

雪豹的许多特征都能够使它舒适地在山地生活。这种猫科动物的皮毛颜色很独特，当雪豹在光秃秃的石地和白雪覆盖的山坡上活动时，能为它提供很好的伪装。雪豹的鼻孔大，胸部宽，前肢短。它有着羊毛般的绒毛，可以抵御严寒。雪豹的爪子底部有较浓而长的粗毛，不仅能为它的脚部保暖，也能防止它的身体陷入雪中。

▲ 与家猫和其他体形较小的猫科动物不同，雪豹的眼睛有着圆形的瞳孔。

不算真正的豹子？

尽管名叫雪豹，但它并不是真正的豹子！这种野生猫科动物并不能像其他大型猫科动物（如豹子）一样发出吼叫声。此外，雪豹在吃东西的时候会蹲在食物上方，就像家猫一样。它毛皮上的斑点也不同于豹子身子上的斑点。事实上，雪豹就像美洲虎一样，有深灰色的玫瑰花图案，头部和面部覆盖了小黑点。

猎物和狩猎

和所有的猫科动物一样，雪豹是个优秀而强大的猎手。它能捕获比自己体形大一倍以上的猎物。众所周知，它会吃掉所有能找到的动物，从野山羊、野猪这样的大型哺乳动物，再到小型的鸟类和啮齿类动物。雪豹通常会先跟踪猎物，然后在距离猎物15米远时扑向它们。

◄ 在寒冷的环境中，雪豹会用长尾巴遮住自己的鼻子和嘴巴。

动物档案	
雪豹	
体　长：	75～150 厘米
体　重：	22～75 千克
寿　命：	15～18 年
威　胁：	人类
猎　物：	野山羊、野猪、鹿、山羊和绵羊
保护状况：	易危
估计数量：	不到10 000 只

谁有恐高症？

雪豹喜欢独居生活。这可能就是它在高山上生活的原因。夏天，雪豹能爬到大约6 000米的高度——在这样的高度，连树木也不会生长！然而，当冬天到来时，这种大型猫科动物就会去海拔约2 000米的森林中生活。

猞猁

猞猁是一种体形中等的野生猫科动物，主要生活在山区。猞猁的尾巴很短，耳朵尖上有一簇毛，爪子又大又软，适合在雪地上生活。猞猁栖息在山上的密林之中，很少冒险越过树线。

▲ 在猞猁灰褐色的毛皮上，偶尔会发现深褐色的斑点。

四种猞猁

世界上有四种猞猁——欧亚猞猁、伊比利亚猞猁、加拿大猞猁和短尾猫。欧亚猞猁遍布欧洲和西伯利亚，而伊比利亚猞猁仅分布在西班牙的部分地区。这两种猞猁都有厚厚的、长着斑点的毛皮以及长长的胡须和大脚丫。然而，欧亚猞猁要比伊比利亚猞猁体形更大。加拿大猞猁出没于加拿大和阿拉斯加，它的体形更接近伊比利亚猞猁。短尾猫主要分布在北美洲。

◀ 猞猁厚厚的毛皮有助于它在雪山中保暖。

狩猎技能

伊比利亚猞猁喜欢在夜间捕猎，欧亚猞猁则喜欢在清晨或下午晚些时候活动。它们都以兔子、鹿、小鸟和狐狸为食。猞猁通常会耐心地等待猎物靠近，然后再扑向它。不过，猞猁也以能在短距离内追捕猎物而闻名。

▲ 猞猁有着锋利的尖牙，能把猎物的肉撕咬下来。它的舌头上有刚毛，能把猎物骨头上的肉刮下来！

动物档案

欧亚猞猁

体　　长	：	80～130 厘米
体　　重	：	15～30 千克
寿　　命	：	12～15 年
天　　敌	：	狼和虎
猎　　物	：	穴兔、鹿、野兔、鸟、松鼠和狐狸
保护状况	：	低危

猞猁的生活方式

猞猁过着独来独往而神秘莫测的生活，只有在繁殖季节才会聚在一起。尽管必要的时候，它们能爬上树，但是猞猁平时大部分的时间都待在地上。这种猫科动物用它们非凡的听觉和视觉来追踪猎物。雌性猞猁会带着幼崽外出狩猎，并教它们如何捕猎。

山地啮齿动物

▼ 土拨鼠柔软而厚实的毛皮可以保暖。

啮齿动物是哺乳动物中数量最多的群体。常见的啮齿动物有老鼠、松鼠、仓鼠和豚鼠。大多数啮齿动物生活在森林里和开阔的平原上，但也有一些生活在山区。它们所具有的特性能够帮助它们在寒冷的气候中生存。

土拨鼠

土拨鼠是一种生活在北美和欧洲的大型地松鼠。它们是生活在洞穴里的群居动物。一群土拨鼠可以由50个成员组成。有时候，会有一只土拨鼠坐在洞穴外面放哨。当守卫发现危险时，会发出一种尖锐的哨音警告大家。土拨鼠有极强的领地意识，它们会全力保护自己的领地和孩子。它们会把分泌出来的物质涂抹在岩石上，以标记领地。

▶ 土拨鼠生活在洞穴里，整个冬天都在冬眠。

高山花栗鼠

高山花栗鼠出没于加利福尼亚州的内华达山脉。它们生活在海拔2 300～3 900米的地方。高山花栗鼠是花栗鼠家族中体形最小的一种。它们的毛皮是黄灰色的，上面有着淡淡的对比色条纹。高山花栗鼠主要生活在地面上，但在遇到危险时也会爬到树上。像所有的山地啮齿动物一样，高山花栗鼠也会在冬天冬眠。它们在整个夏天会吃很多东西，在身体中储存大量的脂肪，这些脂肪在冬眠期间会很有用。它们也会把食物储存在洞穴中，这样无论它们在冬天何时醒来，都有东西吃。

▶ 与地松鼠不同的是，高山花栗鼠的脸上有条纹。

毛丝鼠

毛丝鼠是一种山地啮齿动物，常在夜间出没。人们在南美洲的安第斯山脉上发现了这些毛茸茸的动物。毛丝鼠被认为拥有世界上最柔软的皮毛，这也是它们被盗猎的原因。这些啮齿类动物的皮毛非常浓密，导致像跳蚤这样的寄生虫无法在它们的皮毛里生存，因为它们会窒息而死。人们经常可以看到毛丝鼠在火山灰或灰尘里打滚儿，这是为了除去毛皮上的油脂和水分。毛丝鼠生活在洞穴或岩石的缝隙之中，能够跳1.5米高。

动物档案

长尾毛丝鼠

体　　长：24～28 厘米

体　　重：369～493 克

寿　　命：15～20 年

天　　敌：猛禽、蛇和大型猫科动物

食　　物：草、草本植物和植被

保护状态：濒危

估计数量：未知

▼ 毛皮松软的长尾毛丝鼠生活在洞穴或岩石的缝隙中。

大熊猫

大熊猫以其独特的黑白相间的颜色而闻名。这个熊家族的成员生活在中国的中南部山区，备受人们喜爱。大熊猫虽然是杂食动物，但它主要吃竹笋、竹叶和竹竿。

◀ 大熊猫有一层厚厚的、油光的、毛茸茸的毛皮，有助于它在寒冷潮湿的山地栖息地中保持温暖。

大熊猫的特征

和所有熊类一样，大熊猫的身躯庞大。它们的身体主要是白色的，腿、耳朵和肩膀是黑色的，眼睛周围有黑色的斑块。大熊猫粗大的腕骨能像拇指一样抓住竹子这样的东西。它们通常在地面上活动，但同时也是优秀的攀登者。在遇到危险的时候，它们甚至会游泳。

▲ 大熊猫坐着吃东西，用
前爪抓食物！

动物档案

大熊猫

体　　长：1.2～1.8 米

体　　重：60～110 千克

寿　　命：18～20 年

天　　敌：豹和鹰

饮　　食：竹子、蘑菇、草和昆虫

保护状态：易危

估计数量：2 000～3 000 只

濒临灭绝的大熊猫

　　大熊猫是最濒危的一种熊。它们的主要食物是竹子。所以，竹林的破坏导致大熊猫的数量急剧下降。大熊猫曾经因其华丽的毛皮而成为偷猎者的目标。

独居生活

　　大熊猫是种害羞的动物，喜欢独居。雄性大熊猫没有领土意识，它们的活动范围比雌性大熊猫更大，但雌性大熊猫会捍卫自己的领地。大熊猫无论在白天还是晚上都很活跃。它们也能发出各种声音，并能用不同的声音彼此进行沟通。

大熊猫的手掌上有五根爪状的手指和一块不同寻常的腕骨。

黑熊

黑熊生性害羞，所以它们生活的地方或者很难到达，或者有着茂密的植被覆盖。这些动物通常生活在崇山峻岭和茂密的森林里。

黑熊的事实

世界上有两种黑熊——美洲黑熊和亚洲黑熊。这两种黑熊的身体又大又结实，身体上覆盖着蓬松的黑色或深棕色的毛。黑熊有着小眼睛、圆耳朵、长口鼻和短尾巴。亚洲黑熊的胸部有一个乳白色的"V"字形斑纹，喉咙上有一个白色的小新月形图案。

优秀的攀爬者

黑熊的后腿比前腿稍长，脚掌上有锋利的、不可伸缩的爪子。每只脚掌上的五个爪子能够帮助它们攀爬行走、撕扯和挖掘。如果你遇到黑熊，千万不要爬树，那根本没用！黑熊是技巧高超、体态优雅的攀爬者。它们能用锋利的爪子紧紧抓住树干，而且爬的速度相当快。它们在面临威胁时通常会爬上树。当身边有潜在危险时，母熊就会把小熊送到树上。

从废物到财富

黑熊在冬眠期间不会排泄废物，能将废物转化为有价值的蛋白质。它们的心率在这段时间也会下降。不过，由于它们的毛皮具有很强的绝缘性，所以体温并不会下降多少。因此，黑熊可以随时从冬眠中安全醒来。

▲ 亚洲黑熊胸部有一块奶白色的"V"字形毛皮，耳朵也比美洲黑熊大。

动物档案

亚洲黑熊

体	长：	1.2～1.9米
体	重：	40～200千克
寿	命：	约25年
天	敌：	老虎、棕熊和豹
饮	食：	草、浆果、小型兽类和昆虫
保护状态：		易危
估计数量：		约50 000只

在睡眠中度过冬天

和大多数熊一样，黑熊冬眠是为了躲避冬天的影响。它们会在冬天来临之前贪婪地吃东西，以储存必要的脂肪。有些黑熊整个冬天都在睡觉，而有的只在天气最冷的时候才睡觉。冬眠时间通常取决于自然环境中食物的供应状况。

雪　猴

◀一只晒太阳的
雌性雪猴。

雪猴也被称为日本猕猴，是唯一出没于雪地中的猴子。在日本各地都能发现这个物种，尤其是在北方。雪猴有着灰褐色的毛皮以及红色的脸和屁股，还有一条短尾巴。

幸福的家庭

雪猴生活在由20～30个成员组成的群体中。有时猴群可多达100只猴子。猴群的规模取决于有多少食物。这些猴群中有少数的成年雄猴，而雌猴数量则是雄猴的两倍多。通常情况下，雌性雪猴终生都生活在同一个猴群中，它们彼此照顾，也照顾小猴。雄性雪猴在成年之前就会离开猴群。随着时间的推移，它们会加入并离开几个猴群。

健康饮食

雪猴的饮食随着季节的变化而变化。它们食性较杂，吃浆果、种子、叶子、根、鸟蛋和昆虫。夏天，雪猴吃叶子和花朵，冬天则吃树皮。雪猴是一种非常挑剔的食客，而且非常讲卫生，会在吃东西之前把食物洗干净。

经历严寒

雪猴在各种各样的栖息地生活，包括冬季寒冷的地方。它们很容易在-15℃的环境中生存，这是因为雪猴有一层厚厚的、毛茸茸的皮毛，而且皮毛在冬天会变得更厚。雪猴也会花很多时间泡温泉取暖。

生活在和谐之中

雪猴非常善于社交，喜欢互相嬉戏和梳理自己的毛发。这些爱好和平的动物相互帮助，照顾并保护小雪猴。

动物档案

雪猴

体　　长：47～60厘米

体　　重：8～11千克

寿　　命：28～32年

天　　敌：狼和野狗

饮　　食：种子、根茎、浆果、叶子和昆虫

保护状态：低危

估计数量：约100 000只

山地大猩猩

山地大猩猩只出没于非洲中部的维龙加火山周边。它们是最大的灵长类动物。

山里的生活

山地大猩猩有深色的、丝质的皮毛以及健壮的身体。它们的胳膊很长，肌肉发达，脑袋大大的，下颌强劲有力。雄性山地大猩猩比雌性山地大猩猩体形大得多，且犬齿锋利。成年雄性大猩猩被称为银背大猩猩，因为它们成年后背上会长出一大片灰白色的毛发，长毛能帮助它们抵御山地的寒冷气候。

▲该小睡一会儿了！一只大猩猩睡在柔软的草地上。

像大猩猩一样行走

山地大猩猩的胳膊非常长，而且肌肉发达，但腿很短。这种动物通常用四肢行走。它们把脚平放在地上，用强有力的手臂推动身体向前移动，整个身体的重量由放在前方地面上的指关节支撑。

优秀的沟通者

山地大猩猩通过自己发出的各种声音相互交流，包括咕噜声、咆哮声、咯咯笑声和呜咽声。它们还会用面部表情和捶胸之类的手势来表达各种各样的情绪。

家庭成员

和所有猿类一样，山地大猩猩是高度群居的物种。这个群体由一只占领导地位的雄性大猩猩、几只雌性伴侣和它们的孩子们组成。小猩猩由雌性大猩猩照顾。山地大猩猩通常不具有领地意识，但如果雄性领袖感受到威胁，它就会变得具有攻击性。猩猩群的所有成员通常是集体行动的。

▼ 梳理毛发是大猩猩社交生活的重要组成部分。雌性大猩猩会互相梳理毛发，它们也会为幼崽和银背大猩猩梳理毛发。

动物档案

山地大猩猩

身　　高：1.4～1.8米

体　　重：100～200千克

寿　　命：约35岁

饮　　食：根、叶、竹和水果

保护状况：濒危

估计数量：不足1 000只

赤　鹿

赤鹿在北美被称为马鹿，是世界上仅次于驼鹿的第二大鹿种。这种动物喜欢高山和开阔的草地，会避开茂密的森林。夏天，赤鹿会向海拔更高的地方迁徙。

▶ 成群的雄赤鹿和雌赤鹿正在享受着春天——它们交配的季节。

为了配偶而战

赤鹿的交配仪式被视为一种传统。成年雄性赤鹿会选择几只雌性赤鹿作为伴侣。有时两只或更多雄性赤鹿会对同一群雌性赤鹿感兴趣，且会为此发生争斗。雄鹿经常以吼叫吓跑对手。它们还会评估对方的身体和鹿角的大小，个头较小的一方通常会退缩。如果两只雄鹿都不后退，它们就会用鹿角顶撞对方，展开争斗。

家庭生活

一个赤鹿群最多可由400只赤鹿组成。雄鹿和雌鹿在交配季节会聚在一起，也会一起过冬。夏天，鹿群就会散开。母鹿离开鹿群去生小鹿。带着幼崽的母鹿通常会组成单独哺育小鹿的鹿群，以照顾幼崽。

▲ 在交配季节，雄性赤鹿会用鹿角彼此争斗。

适合登山

　　赤鹿的颜色会从冬天的深棕色变成夏天的黄褐色。这种动物有着浅色的臀部，这也是它们的特点。雄性赤鹿浓密的鬃毛蓬乱地覆盖在脖子上。它们身披的厚厚冬衣，在夏天来临之前就会脱掉。它们脑袋长长的，耳朵大大的，有着短尾巴和大长腿。雄性赤鹿长着漂亮的鹿角，鹿角会在头顶分叉。

动物档案

赤鹿

体　　长：	1.5 ~ 2.5 米
体　　重：	120 ~ 240 千克
寿　　命：	10 ~ 15 年
天　　敌：	灰狼和棕熊
饮　　食：	草、树木和灌木
保护状况：	低危
估计数量：	100 000 只

驼羊和羊驼

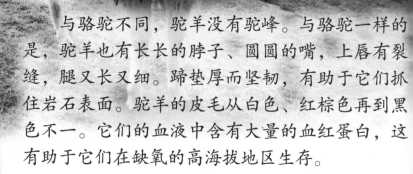

驼羊和羊驼与骆驼同科。这两种动物都是在南美洲发现的，而且都不生活在野外。驼羊最初发现于北美，它们后来被引进到南美洲，成为印加人主要的交通工具。

特征

与骆驼不同，驼羊没有驼峰。与骆驼一样的是，驼羊也有长长的脖子、圆圆的嘴，上唇有裂缝，腿又长又细。蹄垫厚而坚韧，有助于它们抓住岩石表面。驼羊的皮毛从白色、红棕色再到黑色不一。它们的血液中含有大量的血红蛋白，这有助于它们在缺氧的高海拔地区生存。

当心！驼羊！

驼羊一般喜欢生活在由20只成员组成的群体中，由一只雄性驼羊领导，它会凶悍地守卫着驼群。雄性驼羊常常为了争夺统治地位而争斗，它们会咬对方的腿，用脖子缠绕对方。虽然驼羊通常都是友好的驯养动物，但当受到威胁时，它们往往会踢人、朝人吐口水，有时甚至会咬它们的敌人。驼羊比它们的近亲——羊驼——体形更大、更强壮。它们重130～200千克，最多可携带60千克的货物。这就是它们经常被农民用作驮畜的原因。

动物档案

驼羊

身 高：	1.7～1.8米	
体 重：	130～200千克	
寿 命：	15～30年	
天 敌：	狮子、美洲狮和狗	
饮 食：	灌木、草、树叶和地衣	
保护状况：	低危	
估计数量：	约700万只	

▼ 驼羊的脚底有特殊的凸起，使其与地面有良好的接触。

羊驼

羊驼和驼羊是近亲，所以它们有许多相似之处。它们都是南美洲的家养动物，都通过晃动耳朵和尾巴进行交流，而且有相同的攻击性的交流方式，比如吐口水和踢腿。它们之间的主要区别是：驼羊被用作驮畜，而人们主要是为了获取羊毛而饲养羊驼。羊驼毛比绵羊毛更轻、更柔软。正因如此，羊驼毛被认为是一种奢侈的材料而受人追捧。事实上，获得羊驼那柔软的羊驼毛通常是农户饲养羊驼的唯一原因。

羊驼的声音

羊驼比它们的近亲驼羊更加胆小和保守。它们喜欢待在自己的群体之中。虽然羊驼通常是非常安静的动物，但当它们感到好奇、满足、焦虑、无聊、恐惧、痛苦或警觉时，会发出嗡嗡的声音。此外，如果羊驼感到震惊或处于危险之中，它们会发出巨大的嘶鸣声，其他羊驼也会跟着发出这种声音，以发出受到潜在威胁的信号。

▼羊驼柔软的白色羊驼毛能被染成任何颜色。

鼠　兔

鼠兔是兔形目的一种小动物。它有时被称为岩石兔或兔子。大约有30个不同种类的鼠兔，尽管它们和兔子的关系更密切，但看起来却更像仓鼠。

▲ 鼠兔的身体结实，腿短，尾巴小。

生活在山地

鼠兔生活在气候寒冷的地区。它们广泛分布在亚洲、北美和东欧部分地区。鼠兔通常会形成巨大的群体。群体成员会聚在一起分享食物，并互相照顾。然而，有些鼠兔更喜欢过独居生活。在欧洲和亚洲，鼠兔因与雪雀共享洞穴而闻名，雪雀会在洞穴中筑巢。

为冬天做准备

鼠兔在冬天之前最活跃。这些动物不冬眠，相反，它们冬天自始至终都很活跃。有些鼠兔会蹲在岩石上，整天晒着太阳。大多数鼠兔会收集新鲜的草，把它们放在外面晾干。然后，鼠兔会把这些干草储存在洞穴里，将其作为温暖的被褥和过冬的食物。

家庭生活

　　生活在群体中的鼠兔会挖洞。它们的洞穴非常复杂，有许多通道和入口。这不仅能让鼠兔在更广阔的区域觅食，而且有助于在危险的情况下迅速撤退到安全地带。鼠兔能够在高原的草地上找到很多食物。所有鼠兔家庭成员都具备高度的领地意识，雄性鼠兔会将其他家庭赶走，特别是当它们正忙于晒干草和堆干草垛的时候。

动物档案

鼠兔

体　　长：	15～23厘米
体　　重：	120～350克
寿　　命：	约7年
天　　敌：	黄鼠狼、狼、狐狸和猛禽
饮　　食：	草、嫩枝和花
保护状况：	易危
估计数量：	未知

▼ 鼠兔是一种高度警觉的动物，视觉和听觉能力出色。

落基山羊

落基山羊是北美土生土长的一种山羊。尽管它长得很像普通山羊，但它实际上属于牛科。这种动物的主要栖息地为高山以及亚高山地区陡峭、多岩石的悬崖峭壁。

身体特征

落基山羊的身体结实，全身上下覆盖着厚厚的皮毛，皮毛的颜色从白色到黄色不一。由于它们生活在冬季长达9个月的地区，因此它们的皮毛非常适应极寒的环境。它们有浓密的绒毛内层和长羊毛，外层羊毛大约有20厘米长。这种厚羊毛能在寒冷而残酷的山区气候中，保持身体的舒适和温暖。夏季气温上升时，它们会在树上或岩石上蹭来蹭去，来脱掉它们的羊毛外衣。雄性山羊和雌性山羊都有明显的胡须、短尾巴和黑色的长角。

▲落基山羊是非常好的攀登者。

▼落基山羊长着椭圆形的大羊蹄，脚底如橡胶一般，在攀登陡峭的山峰时有很好的抓地力。

生活在羊群中

落基山羊会在冬季和春季组成大羊群。夏季，这些动物会组成更小的群体，甚至会独自生活。它们在白天最为活跃。除了繁殖季节，大部分时间羊群都是由成年雌性山羊领导的，而到了繁殖季节，雄性山羊会成为羊群领袖，并为了赢得雌性山羊的芳心，参与争夺统治地位的争斗。与羚羊不同，落基山羊并不喜欢发生正面交锋。

争斗的保姆

雌性的落基山羊（也叫保姆山羊），也会参与到争夺统治地位的争斗中。在一年里的大部分时间里，羊群会由一只占有统治地位的雌性山羊领导，它们具有防卫意识，在保护羊群和领地的时候经常变得充满暴力。两只保姆山羊之间的争斗通常都会涉及羊群中的其他雌性山羊。战斗有时会导致其中的一方的死亡。较弱的那只雌性山羊通常会躺在地上，以示投降。

动物档案	
落基山羊	
体　长：	1.2 ~ 1.79 米
体　重：	45 ~ 140 千克
寿　命：	12 ~ 15 年
天　敌：	美洲狮和鹰
饮　食：	草、地衣和其他植被
保护状况：	低危
估计数量：	约100 000 只

▼小羊刚出生几分钟就学会了跳跃和攀爬！

大角羊

成年雄性大角羊的角又大又弯，再没有名字比"大角羊"更适合它们了！雌性大角羊的角比较短，也没那么弯。雄性和雌性大角羊的角非常适合它们的行为特征。

大角羊的特征

大角羊肌肉发达、皮毛光滑。它们的毛和鹿的很像，灰色的短毛非常光亮，在夏季通常为褐色，但到了冬季就会褪色。大角羊有窄而尖的嘴，短且尖的耳朵和很短的尾巴。这些动物都有双层头骨，专为搏斗而生。将颅骨与脊柱连接起来的宽阔肌腱有助于头部从强烈的打击中退缩。

锁住羊角

雄性大角羊并没有领地意识。然而，它们会为了吸引雌性大角羊的注意而展开正面斗争。雄性大角羊之间会低着头互相攻击。一只雄性大角羊会以32千米/小时的速度向对手发起猛攻。羊角更大的雄性大角羊通常会占优势。战斗通常会持续25个小时，它们每小时会发起5次攻击！

◀大角羊被广泛地捕杀，以至于它们成为易受威胁的物种。

◀ 7～8岁时，大角羊就能长出一对卷起来的角，羊角展开约有83厘米长。

适于登高的身体

大角羊能轻松地在悬崖上爬上爬下，通常会用岩壁的边缘作为立足点，能跨越6米远的距离。它们蹄子的外部很坚硬，里面却很柔软，这有助于它们以24千米/小时的速度轻松攀爬。在平地上，它们的奔跑速度可达48千米/小时。

群居动物

大角羊出没于北美落基山脉的山坡上。因为不能在大雪中挖掘食物，所以它们只能生活在有小雪的地区。大角羊也是优秀的游泳运动员。它们生活在由8～10只大角羊组成的群体中，但有时一个羊群也可能多达100个成员，通常雄性大角羊也会组成单身大角羊的羊群。如果有狼威胁它们，羊群就会围成一圈来面对敌人。

野山羊和塔尔羊

野山羊和塔尔羊都属于山地山羊。野山羊出没于欧亚大陆和北非。阿尔卑斯野山羊通常出没于海拔3 000米以上的地方，而塔尔羊则出没于亚洲部分地区。

阿尔卑斯野山羊

阿尔卑斯野山羊有棕灰色的皮毛，它的皮毛在冬天会变成深褐色。雄性野山羊的体形通常是雌性野山羊的两倍大，人们还可以通过它们浓密、醒目的胡须来辨认它们。雄性野山羊和雌性野山羊都长着向后弯曲的长角。有些雄性野山羊的角可长达1米。野山羊用它的角来击退猞猁、熊、狼和狐狸那样的捕食者。

▲ 野山羊曾被大量猎杀，现已濒临灭绝。

▼ 尼尔吉里塔尔羊的羊蹄上有硬边，有助于它爬山。

尼尔吉里塔尔羊

尼尔吉里塔尔羊是一种类似山羊的动物，它的皮毛短，羊角弯。不过，与喜马拉雅塔尔羊不同，尼尔吉里塔尔羊与绵羊的关系更为密切。雄性尼尔吉里塔尔羊有着略带银灰色的棕色皮毛，腹部是白色的。在三种塔尔羊中，所有雄性塔尔羊都会为了吸引雌性的注意而相互竞争。

阿拉伯塔尔羊

阿拉伯塔尔羊出没于阿拉伯联合酋长国和阿曼苏丹国的哈杰尔山地。它在三种塔尔羊中体形最小，但却非常强壮和敏捷。它能爬上几乎垂直的悬崖峭壁。与其他种类的塔尔羊不同，这种塔尔羊并不会成群生活在一起，但仍然有很强的领地意识。因为捕猎和栖息地被破坏，这种动物正濒临灭绝。

▼ 喜马拉雅塔尔羊非常适合在喜马拉雅山脉崎岖的山坡上生活。

动物档案

喜马拉雅塔尔羊

体 长	1.2 ~ 1.4 米
体 重	36 ~ 100 千克
寿 命	14 ~ 18 年
天 敌	雪豹
饮 食	草本植物、灌木
保护状况	近危
估计数量	约500 只

喜马拉雅塔尔羊

喜马拉雅塔尔羊是三种塔尔羊之一。它生活在海拔3 500 ~ 5 000米的山坡上。喜马拉雅塔尔羊非常适合在山区生活。它的脚底坚韧、具有弹性，可以抓住光滑的岩石。塔尔羊是动物界最优秀的登山者之一。

安第斯秃鹫

安第斯秃鹫是西半球体形最大的飞鸟。它生活在安第斯山脉，属于由鹤和鹳进化而来的新大陆秃鹫家族。安第斯秃鹫以动物的尸体为食。

国家象征

安第斯秃鹫是哥伦比亚、厄瓜多尔、秘鲁、玻利维亚和智利等国家的国鸟。

秃鹫的事实

成年安第斯秃鹫的身体主要是黑色的，脖子底部有一堆白色羽毛。当它飞到高海拔地区时，就会把头缩进白色羽毛里，以保持头部温暖。它的翅膀上还有一圈白色羽毛，翼展宽度约3米。它的脖子和脑袋几乎是秃的。雄性秃鹫头上有肉冠，脖子附近有赘肉，头部和脖子的皮肤会变红，以示警告。它的脚上有长长的中趾，爪子又直又钝，有助于秃鹫行走。

翱翔的秃鹫

秃鹫是一种优雅的鸟类，它能利用热气流来提升飞行高度，以最小的气力飞到很高的地方。秃鹫通常会花费大量的时间寻找食物，它们经常飞行数千米去寻找食物。

干净的秃鹫

秃鹫会花很多时间梳理羽毛和晒太阳。人们能看到秃鹫伸展着翅膀，沐浴在阳光下。它们每天都要整理羽毛，把羽毛清理得整整齐齐的。秃鹫还会在每顿饭后，清洁头部和脖子。这一点很重要，因为秃鹫以死去的动物尸体为食，而腐烂的肉会令它们感染。

秃鹫的父母

秃鹫会在海拔3 000~5 000米高的岩石上筑巢。巢由一些小木棍或小树枝建成。雌性秃鹫每次产1~2枚卵，卵大约会在58天之内孵化。秃鹫的父母双方都会照顾小秃鹫。小秃鹫会在6~7个月之后长出羽毛，在半岁之后才能飞翔。它会和父母一起生活近两年时间。

动物档案

安第斯秃鹫

体　　长：	100~130厘米
体　　重：	8~15千克
寿　　命：	约70岁
天　　敌：	猛禽和狐狸
饮　　食：	山羊、鹿、马和郊狼的尸体
保护状况：	近危
估计数量：	约7 000只

金　雕

金雕是霸气十足的猛禽之一。它遍布整个欧亚大陆以及北非地区和北美部分地区。大多数金雕都栖息在山区，尽管在其他一些栖息地也能看到它们的身影。

身体特征

除了覆盖在头顶、颈背、脖子和面颊两侧的一片金色，金雕身体的其他部位都是深褐色的。雄性金雕和雌性金雕看起来很相似。金雕有着又长又宽的棕灰色翅膀。它们的尾巴是灰褐色的，但头部和翅膀展开时前侧的小羽毛几乎都是黑色的，锋利弯曲的爪子也是黑色的，脚则是黄色的。为了保持温暖，金雕腿上的羽毛会一直长到脚趾处。

金雕揭秘

金雕通常生活在一个地方。有些金雕可能会为了食物而短距离迁徙。大多数金雕会成对出现，也会独来独往。只有在严冬时节或者食物充足的时候，小金雕才会组成小团体，而成年金雕则会成群结队出现。金雕会以富有攻击性的方式保卫自己的繁殖地。

相伴一生

金雕会和伴侣相伴多年，甚至终生。一对金雕伴侣会在一起追逐、潜水、盘旋和翱翔。它们还会假装互相攻击，并在飞行途中将彼此的鹰爪锁住。它们的巢是由树枝、草、树叶、苔藓、地衣和树皮做成的。父母双方都会孵卵并照顾雏雕。

共同狩猎

　　金雕以家兔、野兔和土拨鼠等小型哺乳动物为食。它们也吃体形较小的鸟类、爬行动物和鱼类。有时，它们会杀死小鹿、郊狼、獾、鹤和鹅。金雕经常成对去猎食，一只金雕负责追逐猎物，待猎物筋疲力尽，另一只金雕就会猛扑下来，杀死猎物。

动物档案

金雕

体　　长：	66 ~ 102 厘米
体　　重：	2 ~ 6.5 千克
寿　　命：	约30 年
天　　敌：	狼獾和熊
饮　　食：	小型哺乳动物，如兔子和松鼠
保护状况：	低危
估计数量：	100 000 ~ 200 000 只

其他山地鸟类

山地是各种鸟类的家园，包括雪雀、斑鸫和山鸦。有些鸟类能在高海拔山地中生存。

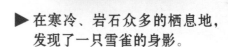
▶ 在寒冷、岩石众多的栖息地，发现了一只雪雀的身影。

山鸦

因为身上黑色的羽毛，所以山鸦和乌鸦看上去很相像。它生活在欧洲和亚洲的山地中，主要栖息在高地。不过在有些地方，这些鸟却生活在内陆的采石场。山鸦主要有两种：红嘴山鸦和黄嘴山鸦。红嘴山鸦因其鲜红色的喙而与众不同，而黄嘴山鸦则有着黄色的喙。山鸦是群居动物，它夏季吃昆虫，冬季吃浆果。山鸦非常灵巧，并以优美的飞行姿态而闻名。

◀黄嘴山鸦的黄色喙非常容易识别。

雪雀

雪雀是一种生活在欧洲和亚洲山区的麻雀，体形大而结实，体长大约16厘米。这种鸟类大多生活在海拔3 500米以上的地方。雪雀能很好地适应如此高海拔的山地生活。雪雀非常顽强，即使在天气很冷的时候，也不会轻易飞到海拔低的地方，仅在冬季飞到海拔稍低的地方过冬。雪雀一般会在岩石的缝隙中筑巢，也会在鼠兔的洞穴中栖息。它们身体的顶部是浅棕色的，下面是白色的。雪雀的翅膀上有长长的白色翼片，在飞行时尤为突出。它们主要以种子、昆虫和蠕虫为食。

斑鹑

斑鹑是最古老的鸟类之一，有47个不同的种类。它们主要分布在安第斯山脉，外观与鹌鹑非常相似，实际上它们与鸸鹋和鸵鸟有亲缘关系。斑鹑有着小而圆的身体，即便是在最严寒的冬季也能够生存下来。它们以浆果和昆虫为食，是非常神秘的鸟类。斑鹑会生下几枚亮闪闪的卵，而幼鸟几乎一孵化出来就能跑了。

◀ 斑鹑身上覆盖着灰褐色的羽毛，能起到保护作用。

动物档案

安第斯斑鹑

体　　长	25～30cm
体　　重	约800克
寿　　命	约10年
天　　敌	大型猫科动物和猛禽
饮　　食	种子、根茎、果实和小昆虫
保护状况	低危
估计数量	未知

处于危险中的山地

受全球气候变暖影响，冰川正在融化。

高山是地球上最难到达的地方之一。尽管如此，人类活动正在改变山地景观，并且危及那里的生态系统，一些已经适应山地环境和气候的动物数量正在迅速减少。全球气候变暖、森林砍伐和其他非自然事件正在影响山地动物的生活，它们中的大多数一旦离开了自然栖息地就无法生存。

气候变化

全球气候变暖是山地生态系统的最大威胁之一。地球整体气温的上升导致更多的冰川融化，这就意味着积雪的覆盖范围更少了。生活在山地的动物有厚厚的皮毛从而免受寒冷的影响，但实际上，在温暖的气候下生活会令它们感觉不舒服，甚至生病。较高的温度也意味着冬季会更短，许多山地动物在冬季冬眠，在夏季则会吃很多食物，如果冬季时间变短了，这些动物吃食物的时间就会更长，这会导致食物短缺。

栖息地被破坏

人类在逐渐侵占山区，为了发展农业而砍伐森林，也开始在山上建造更多的房屋。许多山地动物都依靠树木来保护自己免受环境和捕食者的伤害。森林的砍伐也导致了更频繁的滑坡和雪崩。

大规模的森林砍伐意味着许多山地动物会缺乏食物和丧失大量栖息地。

食物匮乏

　　对某一物种的过度捕猎往往会影响到以它为食的动物。缺乏食物是山地动物面临的主要威胁之一。当人们侵占山地时，人类的牲畜会与当地的动物争夺食物。许多野生动物也会从猫、狗和其他宠物那里感染疾病。野生动物对这些疾病并非天生免疫，所以极易受到感染。

狩猎

　　人类为了金钱会杀死许多山地生物。为了获取动物皮毛，人类会猎杀像雪豹和粟鼠这样的动物。为了皮毛和角，人类会猎杀山羚羊。有时候人们错误地认为某些哺乳动物或鸟类有害，如误认为秃鹫和美洲狮会攻击牲畜，然后就将这些动物猎杀。狩猎已经使多种动物濒临灭绝。